LA VIGNE

SES ENNEMIS

Et les différents moyens pratiques de les combattre

PAR

M. LÉONCE ROMIEU
Conseiller Général du département de Loir-et-Cher,
Membre de la Commission départementale.

BLOIS
IMPRIMERIE E. BEURDELEY & Cie
RUE PIERRE-DE-BLOIS, 14.
1874

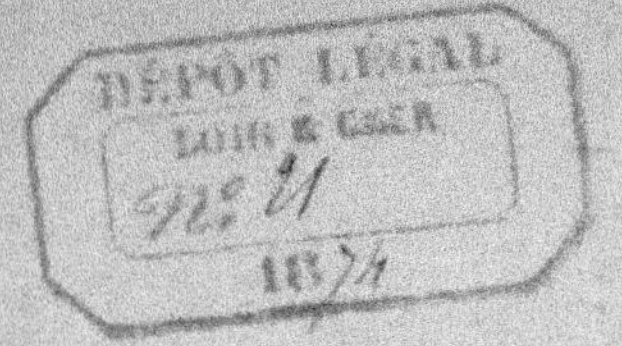

LA VIGNE

SES ENNEMIS

ET LES DIFFÉRENTS MOYENS PRATIQUES DE LES COMBATTRE.

LA VIGNE

SES ENNEMIS

Et les différents moyens pratiques de les combattre

PAR

M. LÉONCE ROMIEU
Conseiller Général du département de Loir-et-Cher,
Membre de la Commission départementale.

BLOIS
IMPRIMERIE E. BEURDELEY & Cie
RUE PIERRE-DE-BLOIS, 14.
1874

AUX VIGNERONS

DU CANTON DE SELLES-SUR-CHER.

Mes Amis,

J'ai pensé à vous en faisant cette Étude. Mon seul but a été de chercher à vous être utile. Je serai récompensé de mes efforts si j'y suis arrivé!

Les Noües, le 25 août 1874.

LA VIGNE

SES ENNEMIS

Et les différents moyens pratiques de les combattre.

Labourage et pâturage sont les deux mamelles de la France !

Lorsqu'il y a près de trois cents ans, Sully prononçait ces paroles tant répétées depuis, il proclamait certainement une incontestable vérité, mais, à notre avis, une vérité incomplète.

Faire pousser du blé dans les champs, élever des animaux dans les prés, c'est, en langage vulgaire, produire du pain et de la viande ; mais, cela suffit-il à nos besoins ?

Sully paraît l'avoir pensé et cependant, lui-même, ne devait pas, je suppose, manger sans boire ! Si j'ajoute qu'il était le premier ministre d'un grand roi, du roi Henri IV, que la tradition nous représente comme aimant fort le bon vin, j'affirme, qu'il est sans excuses d'avoir oublié de mentionner, dans son adage, peut-être la source la plus précieuse et la plus féconde de la richesse de notre sol, la culture de la vigne.

Réparons cet oubli du vieux Sully, qui ne saurait nous en vouloir, et disons, pour compléter sa pensée :

Labourage et pâturage sont *une* des mamelles de la France. *L'autre est la viticulture !*

Faire que cette mamelle soit abondante, inépuisable ; et pour cela, combattre sans relâche, combattre à outrance les ennemis conjurés contre elle, tel doit être le but de nos efforts ! Pour moi, si je prends la plume aujourd'hui, ce n'est pas pour rechercher la meilleure manière de cultiver le précieux arbuste, ou apprécier les différentes méthodes de le tailler. De ce côté, je n'aurais rien à vous apprendre.

Il suffit en effet, pour s'en convaincre, de parcourir comme je l'ai fait bien des fois nos beaux et riches vignobles des bords du Cher. Les pampres verts et vigoureux alignés comme les soldats d'un régiment, un jour de grande revue, prouvent que le vigneron de la Sologne et du Berry connait aussi bien son métier que le vigneron de la Bourgogne, de la Champagne et du Bordelais. Non, ce que je veux rechercher ici, ce sont les moyens pratiques que la science et l'expérience mettent au service du viticulteur pour conserver ses vignes, pour assurer, autant que possible, une récolte régulière ; pour empêcher enfin, comme je le disais plus haut, cette seconde mamelle de la France, cette mamelle féconde de s'épuiser, de se tarir peut-être.

Quels sont les ennemis de la vigne ?

Quels sont les moyens connus de les combattre ?

Tel sera le but de cette étude, que je diviserai, pour plus de clarté en trois parties bien distinctes, correspondant à trois catégories d'ennemis.

Dans la première partie, après avoir fait l'énumération des ennemis de la vigne, j'examinerai ce que j'appellerai les *ennemis météorologiques*, c'est-à-dire ceux qui sont produits par les phénomènes célestes.

Dans la seconde partie je traiterai des maladies de la vigne.

La troisième partie sera consacrée aux insectes qui lui font une guerre acharnée.

PREMIÈRE PARTIE

—

Quels sont les principaux ennemis de la vigne?

Ce sont :

1° Les gelées de printemps qui détruisent les bourgeons fructifères ;

2° Les pluies persévérantes et froides de juin qui empêchent la fécondation des fleurs et font couler les grappes ;

3° Les gelées d'automne qui font tomber les feuilles et empêchent les progrès ultérieurs du raisin ;

4° Les pluies de cette même époque qui pourrissent les fruits.

A cette énumération empruntée au savant traité sur la vigne de M. Jules Guyot, il faut ajouter :

5° Les grêles ;

6° Les maladies ;

7° Les insectes.

On est en droit de se demander, en face d'une pareille armée d'ennemis, tous redoutables, comment la France est encore le beau pays de la vigne, le pays des grands crus, des vins renommés et recherchés du monde entier. Heureusement que ces ennemis ne s'entendent pas toujours entre eux, qu'ils ne marchent pas en même temps et avec la même allure, sans quoi nous serions en effet complétement perdus, et depuis longtemps déjà, comme pays vinicole.

Loin de s'accorder, les ennemis de la vigne affectent une grande différence d'action dans leur œuvre de destruction. Les uns vont vite ! mais ce sont, en somme, les moins dangereux. D'autres vont lentement, sûrement, fatalement ; ce sont ceux-là qu'il faut craindre.

Les premiers, comme la coulure, la gelée, la grêle, détruisent en quelques jours, en une matinée, en quelques minutes, l'espoir de toute une année d'un rude labeur.

Les seconds, comme les insectes, le terrible phylloxera surtout, s'avancent pas à pas, cheminant par des galeries souterraines d'un cep à l'autre, et finissant toujours par remporter une victoire complète ; si complète, qu'en moins d'une année, souvent, le pauvre vigneron n'a pas même un blessé à soigner ; Tout est mort !

La grêle, la gelée, la coulure, les maladies, ravagent un vignoble, le ruinent pour deux ans quelquefois ! Le phylloxera le tue à tout jamais !

Mais procédons par ordre : Etudions chaque ennemi l'un après l'autre, en commençant par le groupe de ce que j'ai appelé *les ennemis météorologiques*, et par le plus funeste d'entre eux, je veux dire *la gelée*.

CHAPITRE PREMIER.

DE LA GELÉE.

Je n'ai malheureusement pas besoin de vous faire la définition de ce fléau, de vous exposer en quoi il consiste : Vous le connaissez de reste, et par une triste expérience. Depuis six années, en effet, notre pauvre canton de Selles en est cruellement la victime.

Maintenant, comment se produit-il ? Voilà ce qu'il est important de savoir :

Avant d'entreprendre de lutter contre un ennemi il est nécessaire de le connaître à fond.

On croit généralement, et c'est une opinion malheureusement accréditée presque partout, que

les premiers rayons du soleil levant sont la principale cause des bourgeons gelés ou refroidis.

C'est une erreur profonde. Il me suffira, pour vous le démontrer, de vous raconter en quelques mots comment et dans quelles circonstances certains viticulteurs ont été à même de s'en convaincre.

Puisse l'expérience qu'ils ont acquise de la sorte, à leurs dépens, servir à d'autres et à vous en particulier.

Imbus de cette idée, en effet, qu'il fallait par les temps de gelée garantir les bourgeons contre les caresses supposées dangereuses des premiers rayons du soleil, ces braves vignerons n'avaient trouvé rien de mieux que de semer entre les lignes de leurs vignes, de celles du moins qui couraient du nord au sud, une raie de seigle. Ce seigle, semé de bonne heure dans la saison, se trouvait, par là même, assez élevé aux mois de mai et juin, pour former un rideau capable, par son épaisseur, d'arrêter au passage les rayons du soleil.

Cette idée enchantait ceux qui l'avaient eue. « Nous allons, disaient-ils, avoir double profit : Nous préserverons nos vignes de la gelée, ce qui nous assurera une grande abondance de raisins et nous aurons une récolte de seigle par-dessus le marché. »

Le seigle ne leur a pas manqué ; mais leur vigne fut horriblement fricassée, comme on dit, et certainement, plus qu'elle ne l'eût été sans cela.

Le seigle, en effet, avait bien fait son office de rideau, lequel était parfaitement inutile, mais il s'était en même temps chargé d'une humidité qui avait été fatale à sa voisine.

Ce ne sont donc pas les premiers rayons du soleil qui font geler les vignes. Il en faut chercher la cause ailleurs.

Vous savez déjà, par des observations que vous avez faites vous-mêmes plus d'une fois, que c'est lorsque le ciel est clair, lorsqu'il n'y a ni vent ni nuages dans l'atmosphère que, par les nuits froides du printemps ou d'automne, se préparent les gelées.

Qu'arrive-t-il, le matin, au lever du jour, c'est-à-dire au moment où les plantes sont chargées de l'humidité de la rosée ?

Il arrive ceci : que la plante dégage une certaine quantité de chaleur. S'il existe au-dessus d'elle un obstacle, des nuages compacts ou des brouillards épais, cette chaleur, ce calorique, comme disent les savants, lui est renvoyé par l'obstacle, et la gelée n'a pas lieu.

Dans le cas contraire, c'est-à-dire si l'obstacle manque, si le ciel est clair, le calorique de la plante va se perdre dans l'immensité du ciel bleu. La plante donne le peu de chaleur qu'elle possède et ne reçoit aucun rayon calorifique en échange. De là, abaissement de température pour elle et gelée plus ou moins forte.

Voilà toute la théorie de la gelée.

Il était, comme vous le voyez, utile de la bien connaitre. Qu'en faut-il conclure en effet tout d'abord ?

C'est que, ***pour se soustraire à l'action du fléau, le meilleur moyen, le moyen le plus sûr, est de créer, s'il n'existe pas, un obstacle entre le ciel clair et la plante à préserver.***

Des abris ont été inventés pour arriver à ce résultat.

Ils sont de deux sortes :

Permanents, c'est-à-dire à demeure, ou ***momentanés***. — ***Réels*** ou *factices* ; ces derniers destinés à garantir seulement d'un coup de gelée prévu. — Les premiers seuls peuvent remplir le triple but de sauver les ceps de la *gelée*, de la grêle et de la coulure.

Je vous vois d'ici, me disant : « Ce sont alors ceux-« là qu'il faut préférer ! »

Sans doute, ce sont ceux-là qu'il faudrait préférer. Seulement nous sommes obligés de reconnaître que s'ils sont d'une efficacité incontestable, ils sont malheureusement aussi fort peu pratiques.

Très-couteux à établir, quoiqu'en disent leurs inventeurs, ils ne peuvent par là même être utilement employés que dans les pays de fins cépages où le vin arrive à valoir cent francs, cinquante francs ou au moins trente francs l'hectolitre, année moyenne. Or nous n'en sommes pas là chez nous. Nous y viendrons par exemple et avant peu. Oui, je crois sincèrement que dans un temps qui n'est pas éloigné, nos coteaux du Cher et notre pauvre Sologne, produiront des vins qu'on sera bien heureux de rencontrer et de payer un prix élevé.

Je vous dirai pourquoi tout à l'heure.

Revenons à ce que j'ai qualifié d'*abris permanents*. Quelques séduisants que soient tout d'abord les systèmes de Guyot, Dubreuil et autres, je ne saurais vous les recommander, surtout dans une étude où mon but est, comme je l'ai déjà dit, d'exposer uniquement des moyens faciles à employer, à la portée de toutes les bourses.

Que penseriez-vous, en effet, si je vous disais : mes amis, pour garantir vos vignes de la gelée, de la grêle et de la coulure, et paralyser du coup trois ennemis redoutables (ce qui serait un bien beau résultat), il vous faut acheter ou fabriquer vous-même avec de la paille de seigle coupée de 40 centimètres de longueur, des paillassons que vous disposerez avec un système d'échalas, de manière à faire une sorte de toit à vos vignes, en calculant qu'il vous faut 12,500 mètres de paillassons par hectare. Je ne sais pas ce que vous penseriez ; mais à coup sûr, vous trouveriez que la chose est plus facile à dire qu'à exécuter, et vous auriez raison.

Laissons donc de côté les paillassons, les toiles, les paragivres et autres abris permanents fort bons en théorie, mais pour vous d'un emploi absolument chimérique, au prix où est votre vin, et hâtons-nous d'arriver aux méthodes pratiques et économiques.

Parmi celles-là, citons tout d'abord et en première ligne, ce que j'ai appelé abris *momentanés*. — Abris *factices*. — Je veux dire, les *nuages artificiels*.

Les nombreux essais qui ont été faits depuis quelques années, semblent démontrer qu'ils sont d'une efficacité très-grande sinon complète, contre les gelées de printemps et d'automne. Ils nous laissent désarmés contre la coulure et la grêle, sans doute, mais que faire ? Faut-il parce qu'on ne peut vaincre trois ennemis d'un coup, refuser d'en mettre au moins un hors de combat quand l'occasion se présente. Ce serait faire un mauvais raisonnement. — Combattons celui que nous pouvons, puis que le bon Dieu nous garde des autres et tout ira bien.

Il n'y a, comme on dit souvent, rien de nouveau sous le soleil. Ce dicton est particulièrement vrai, en ce qui concerne les nuages artificiels.

Les esprits intelligents et chercheurs qui, les premiers à notre époque, en ont parlé, n'ont rien inventé. Ils ont simplement retrouvé un moyen connu jadis, mais abandonné depuis longtemps, oublié depuis des siècles.

Les Romains, en effet, s'en servaient avec succès pour protéger leurs vignes. Théophraste, Pline, Columelle, préconisent les feux de paille contre les gelées printanières.

Vous voyez donc que l'idée ne date pas d'hier. Ceux qui estiment les vieilles méthodes, de préférence aux nouvelles, devront être bien satisfaits.

C'est sous la Direction de monsieur Drouyn de Lhuis, Président de la Société centrale d'Agriculture, que les premières expériences sérieuses ont été faites sur les coteaux de Suresne, aux environs de Paris. — Elles ont donné des résultats qui ont éveillé l'attention des viticulteurs. — L'Exemple a été suivi dans beaucoup de localités.

Un agronome distingué de notre pays, monsieur le marquis de Vibraye, n'a pas été le dernier à marcher dans cette voie. Il a fait, dans sa propriété de Cour-Cheverny, des essais qui ont été couronnés d'un plein succès et dont il a exposé la relation dans un remarquable rapport à la Société centrale d'Agriculture.

Selon lui, le moyen le plus simple et le plus pratique de produire les nuages artificiels consiste à faire, de places en places, autour et dans l'intérieur des vignes que l'on veut protéger, des tas de *feuilles sèches*, principalement des feuilles de *chênes*. « La fumée pro-« duite par ces tas de feuilles, dit-il, est intense, « blanchâtre, trainant à la surface du sol et s'étendant « à une distance de plusieurs centaines de mètres. — « Sa durée est plus que suffisante pour protéger les « vignes avant et après le lever du soleil, contre « l'abaissement de température ayant pour cause le « rayonnement. »

D'autres expérimentateurs ont employé le goudron contenu dans de petits vases en terre ou dans des godets en zinc ; d'autres, des huiles lourdes provenant des usines à gaz. Mais le goudron, les huiles lourdes, ne se trouvent pas partout et pour rien, tandis que les feuilles sèches sont à la portée de tous.

Un viticulteur distingué, M. de Rieunègre de Longoiran (Gironde), recommande l'usage de la balle de blé.

« Le meilleur combustible à employer, dit-il, est la « balle de blé. Elle brûle très-lentement, produit beau-« coup de fumée et une fumée grisâtre, qui se tient « plus près de terre que la fumée de l'huile lourde et « protége mieux les jeunes bourgeons. Il faut en pla-« cer, ajoute-t-il, de gros tas de *deux mètres cinquante* « de diamètre, à *douze mètres* les uns des autres. Trois

« tas de ce genre suffisent pour couvrir de fumée un « hectare de vigne. On peut ajouter aux balles de blé, « de la mousse, de la litière sèche, de la sciure de bois « et même des herbes sèches prises dans les fossés et « dans les bois. »

A ce qui précède, j'ajouterai, avec M. de Vibraye, qu'il faut se garder d'employer les aiguilles ou aigrettes de sapins qui sont en si grande abondance dans notre pays. L'aigrette de sapin se consume trop vite et ne produit qu'une fumée légère et insignifiante.

Maintenant, mes amis, choisissez entre le goudron, les huiles lourdes, la balle de blé ou la feuille de chêne, mais ne restez pas inactifs !

Ce n'est pas à vous qu'il faut rappeler combien il est dûr, pour un brave et laborieux vigneron qui a courageusement travaillé pendant toute l'année, de voir, en un moment, le fruit de ses peines et de ses efforts perdu à tout jamais. Dites-vous bien, que si pareille chose se produit, c'est en partie votre faute. Voici un remède reconnu efficace : Votre incurie, votre insouciance, sera-t-elle plus forte que votre intérêt? Refuserez-vous de l'employer? Refuserez-vous de suivre l'exemple donné par des viticulteurs qui ne sauraient être plus intéressés que vous à protéger leurs récoltes ?

A partir du mois d'avril, à cette époque de l'année où, comme a dit un poëte :

..... Soulevant les voiles de l'aurore.
Le printemps inquiet paraît à l'horizon,

Où rentrant le soir de votre journée de travail, vous vous dites, l'œil fixé sur le soleil couchant : Le ciel est trop clair, le vent est mauvais, il y aura un plat de gelée demain matin ;

Mes pauvres vignes passeront un mauvais moment.

A cette époque de l'année, dis-je, que ceux d'entre vous dont les vignes se touchent, s'entendent entre eux ; que chacun veille à tour de rôle ; et si, au matin, les pronostics se réalisent, si la gelée se prépare, que le veilleur se dépêche d'aller sonner l'alarme au village, et que chacun allume les feuilles sèches ou les tas de balle de blé disposés à l'avance.

Il y va de l'avenir de la récolte.

J'insiste ici sur la nécessité, pour tous les vignerons, de s'associer entre eux ; de contracter un traité d'alliance défensive. L'union fait la force, dit un vieux proverbe, et les efforts individuels ne sont pas assez puissants pour être toujours couronnés d'un plein succès.

S'il était possible aux astronomes, à ceux qui passent leur vie à regarder le soleil, la lune et les étoiles, de prévenir les cultivateurs, seulement quelques jours à l'avance du temps qu'il fera, sans se tromper jamais, les choses seraient bien simplifiées ; on n'aurait plus besoin de veiller la nuit ; ce serait une économie de sommeil ; et, ceux-là seuls qui ont bien travaillé toute une journée, penchés sur un sillon, savent ce que vaut un bon somme réparateur.

Malheureusement, les astronomes qui ont découvert de si belles choses, n'ont pas trouvé celle-là.

Jusqu'à présent, personne, pas plus feu Mathieu de la Drôme qu'un autre, n'a pu se décerner la qualité de prophète infaillible.

Un M. Lefèvre, lieutenant-colonel en retraite, prétend, dans une lettre qu'il a adressée à M. Drouyn de Lhuys, que rien n'est plus facile que de savoir à l'avance les jours de gelée en mai.

Je me défie beaucoup des gens qui, en pareille matière, se montrent si affirmatifs.

Quoi qu'il en soit, voici son moyen :

« Il faut, dit-il, noter avec soin, les jours de forts « brouillards, pendant le mois de mars ; il y aura, en « mai, gelées blanches les jours correspondants, soit « un jour avant, soit un jour après. »

Il n'est pas difficile de vérifier le fait. S'il est exact, quel immense avantage n'en peut-on pas retirer.

Comme on dit souvent : un bon averti en vaut deux.

Mais, revenons aux nuages artificiels, de la grande utilité desquels je n'ai plus qu'un mot à dire, pour achever, s'il est possible, de vous convaincre.

Le successeur de l'illustre de Metz, le digne continuateur de son œuvre, M. Blanchard, le 1er juin 1873, terminait un rapport, lu à une nombreuse assistance, dans la grande salle de la colonie de Mettray, par ces paroles, devant lesquelles on doit s'incliner, si l'on songe à l'autorité de celui qui les prononçait :

« Le véritable remède au fléau des gelées blanches,
« qui cause de si grandes pertes aux viticulteurs, à
« des époques aussi rapprochées, est dans *l'application*
« *des nuages artificiels.* »

Voilà qui est clair, catégorique, concluant. Emettre un doute, hésiter après une pareille affirmation, ne me semblerait pas rationnel.

Maintenant, à côté des nuages de fumée, qui constituent un *moyen effectif* de se garantir de la gelée, il existe des *moyens préventifs* qu'il faut bien se garder de négliger. Nous ne saurions pour nous défendre, passez-moi cette expression familière, mettre trop d'atouts dans notre jeu.

Ces moyens préventifs doivent être comme les remèdes de précaution qu'on prend en temps d'épidémie pour empêcher la maladie de nous atteindre.

Moyens préventifs.

Quand on veut planter une vigne, il faut auparavant étudier avec soin l'emplacement dont on peut disposer.

Si tous les terrains ou presque tous conviennent à cette culture, il en est cependant qui, par leur situation, doivent être choisis de préférence. J'en connais où tous les ans, à peu près, la vigne gèle ; d'autres où elle ne gèle jamais, très-rarement du moins. Ces derniers sont des endroits sains, un peu élevés, et avec une pente suffisante pour permettre aux eaux de s'écouler facilement à la surface du sol.

Défiez-vous des bas-fonds, où l'eau séjourne et crée des brouillards continuels ; des haies trop hautes, du voisinage d'arbres serrés les uns contre les autres, qui sont autant de « réservoirs à vapeur », selon l'expression de Guyot, où la vigne gèle, où elle coule neuf fois sur dix.

On ne tient pas assez compte généralement de ces conditions d'exposition. Quand les résultats vous prouvent que vous avez agi sans réflexion, il n'est plus possible de revenir sur ce qui a été fait. Vous en êtes pour votre temps perdu et vos frais inutiles.

Donc, choisissez avec le plus grand soin l'emplacement de vos vignes ; « recherchez les mamelons aérés et dégagés par les vents » (Guyot, p. 109, 2e éd.) ; fuyez le voisinage des marais, des arbres en massifs ; préférez les expositions ***Est***, ***Sud-Est***, ***Sud***, aux expositions ***Nord-Est*** et ***Nord***, qui cependant valent encore mieux sans contredit que les expositions ***Nord-Ouest***, ***Ouest*** et ***Sud-Ouest***.

Toutes ces conditions bien observées, plantez votre vigne comme vous savez le faire ; puis, une fois poussée, taillez-la comme vous savez le faire aussi. N'écoutez pas ceux qui viendront vous dire que pour avoir beaucoup de raisins il faut transformer vos ceps en tête de saule. Laissez une bonne branche à fruit bien longue. Vous savez, mieux que personne, que c'est une précieuse corde à votre arc, en temps de gelée.

Que de fois, rencontrant les uns ou les autres d'entre vous, il m'est arrivé de vous demander :

« Eh bien, vos vignes sont-elles belles, cette année?

« Ah, monsieur, ne m'en parlez pas, les bourgeons du bas sont tous gelés ; les verges heureusement sont sauvées : nous ne ferions pas une goutte de vin sans cela. »

Pourquoi les bourgeons du bas étaient-ils gelés ?

Parce qu'ils étaient plus près que les bourgeons du haut de l'humidité qui se trouve à la surface de la terre ; humidité que le rayonnement nocturne, par les nuits fraiches, congèle très-facilement.

Donc, pour me résumer, ne craignez pas de *tailler long*. Dans le plus on trouve le moins ; si, lorsque la saison est plus avancée votre branche est trop longue, vous êtes toujours à même de la couper, sans nuire à la pousse de la vigne.

Taillez long ! j'ajouterai : taillez tard ; quelques jours avant le renflement et l'épanouissement des bourgeons, du 15 mars au 15 avril ; et même, si l'on en croit Guyot, du 15 au 30 mai, après la sortie de tous les bourgeons.

« On peut alors, à son aise, dit le savant auteur, « choisir tous les fruits et n'en laisser que la quantité « convenable et proportionnée à la force du cep, comme « cela se pratique d'ailleurs pour d'autres arbrisseaux « à fruits. » (*Guyot*, P. 37, 2e Ed.)

Mais, je m'arrête : j'avais dit, que je ne vous parlerais ni de la taille de la vigne ni de la manière de la cultiver. Ce sont choses sur lesquelles une longue pratique et de bons enseignements vous ont rendus fort expérimentés. En continuant dans cette voie, j'aurais l'air de gros Jean voulant en remontrer à son curé. Je tiens cependant à noter, avant de passer outre, à propos de la culture de la vigne, une remarque qui a été faite et ne doit pas vous laisser indifférents.

On a constaté, et peut-être l'avez-vous constaté vous-même, que les vignes fraichement façonnées étaient frappées avec beaucoup plus d'intensité que celles dont les façons remontaient à quelques temps.

Il serait donc bon de donner les premières façons aux vignes avant que les gelées soient à craindre, et reculer les autres jusqu'à l'époque où il n'y a plus à les redouter.

Je n'en ai pas encore fini, avec les moyens préventifs de combattre les ravages du froid dans nos vignobles.

Monsieur ***Mathieu Charmet***, propriétaire viticulteur à l'Arbresle (Rhône), donne, dans le journal de l'***Agriculture*** (n° du 21 mars 1874), la méthode suivante qui, dit-il, lui a toujours parfaitement réussi et qui consiste en ceci :

« Au moment de la taille de la vigne, laisser à chaque « cep un sarment d'une longueur de 70 à 80 centimè- « tres ; puis, au milieu de 4 ceps, faire avec un pieu

« de fer un trou dans lequel on enfonce l'extrémité « de chacun de ces sarments en cachant ainsi en terre « trois ou quatre yeux qui se trouvent à l'abri de la « gelée. Après les gelées printanières, on relève les « sarments et tous donneront de beaux raisins, quel- « que désastreuse qu'ait été la gelée pour les vignes « traitées par la méthode ordinaire. »

MM. de la Loyère et Henri Lacoste recommandent, de leur côté, le buttage du cep. M. Charles Breton, le 14 juillet 1874, écrivait de Milly (Seine-et-Oise), au journal *le Moniteur universel*, la lettre suivante, dans laquelle ce moyen est exposé et développé :

« J'apporte à votre connaissance, dit-il, le résultat d'une expérience que je viens de faire, résultat dépassant toutes les espérances et intéressant au plus haut point la pluplart de nos viticulteurs français.

« Désolé de voir presque chaque année, par une gelée printanière, réduire à néant le fruit de mon labeur, j'ai imaginé le procédé suivant, grâce auquel je crois être parvenu à conjurer ce terrible fléau :

« Après avoir taillé ma vigne, en laissant quatre pousses au lieu de deux qu'on laisse ordinairement, j'ai établi une petite butte de terre au pied de chaque cep, enterrant de cette manière deux pousses sur quatre.

« Si les deux pousses laissées hors de terre eussent été atteintes par la gelée, je les eusse coupées et j'eusse déterré les deux autres, rétablissant ainsi les choses dans leur état normal. Mais mon but a été doublement atteint, car les pousses non recouvertes et exposées aux rigueurs du froid n'ont pas été gelées, tandis que, de tous mes riverains, aucun n'a échappé au fléau destructeur ; j'attribue, et non sans raison, cette heureuse exception à la légère butte de terre amassée autour de chaque cep.

« Ce qui fait que j'ai en perspective une récolte comme je n'en ai vu de ma vie quant à la quantité.

« Comme vous le voyez, monsieur le directeur, le moyen est simple, nullement dispendieux et tout à fait pratique ; et, dans l'intérêt de la viticulture, qui est une de nos grandes ressources nationales, je vous prie de donner à ma lettre toute la publicité que vous jugerez nécessaire.

« CHARLES BRETON. »

En Crimée et aux environs d'Odessa, on fait mieux ; au lieu de se borner à butter les ceps, on les enterre complètement, comme les figuiers à Argenteuil. Grâce à ce procédé, la vigne échappe au froid le plus rigoureux. — On creuse un fossé le long de chaque ligne ; les ceps y sont couchés et recouverts de la terre du fossé. Les vignes ont ainsi, pendant l'hiver, l'aspect d'un champ dont les sillons, sont un peu plus élevés et espacés que les sillons d'un champ de seigle ou de blé.

Dans les vignobles du Jura, on enterre également les sarments pendant l'hiver.

Je ne vous conseillerai pas d'imiter les Russes ni les habitants du Jura ; grâce à Dieu, il ne fait pas aussi froid chez nous que chez eux. Mais, peut-être trouverez-vous que les méthodes de MM. de la Loyère, Henri Lacoste et Charles Breton sont susceptibles de produire de bons résultats ? Qu'elles valent la peine d'être expérimentées, ne fût-ce que sur une petite surface ?

C'est à vous d'apprécier.

Je crois avoir consigné ici, sinon *tous* les moyens connus de combattre les gelées, du moins les plus pratiques. Les emploierez-vous ?

En essayerez-vous quelques uns ? Laissez-moi l'espérer.

Laissez-moi espérer également que ces idées feront travailler vos esprits, qu'elles vous donneront la pensée de chercher, vous aussi.

Tout homme est plus ou moins inventeur.

Si tout le monde se met à l'œuvre, si tout le monde cherche, on trouvera.

Le champ des découvertes est ouvert à tous. Il est inépuisable, sachez-le bien. C'est une plaine immense, infinie, sans horizon et qui s'agrandit, sans cesse, à chaque pas en avant que fait l'humanité.

CHAPITRE II.

DES GRÊLES ET DE LA COULURE.

S'il est possible dans une certaine mesure, comme je crois vous l'avoir prouvé, de se garantir de la gelée, il n'en est malheureusement pas de même de la grêle et de la coulure.

Les paillassons seuls, les abris permanents peuvent neutraliser ces deux fléaux, mais leur emploi est si peu pratique que je doute très-fort que vous y ayez jamais recours.

Je ne vois d'autre chose à faire, dans cette circonstance, que d'adresser au patron des vignerons la prière que Lahire adressait jadis au Souverain-Maître :

« Mon Dieu, faites pour Lahire, ce que vous voudriez que Lahire fît pour vous si vous étiez Lahire, « et que Lahire fût Dieu !

« Grand saint Vincent, faites pour nous autres pauvres vignerons, ce que vous voudriez que nous « fassions pour vous si vous étiez à notre place et que « nous fussions à la vôtre ! C'est-à-dire, protégez nos « récoltes, que nous avons eu tant de peine à faire « venir ! Gardez-nous de la grêle et des pluies de printemps et d'automne ! »

Dans certains pays, en Auvergne, par exemple, on a une manière de relever les vignes qui les garantit assez bien, d'une grêle ordinaire.

Les ceps sont échalassés quatre par quatre.

Plantés en dehors et contre le pied de la vigne, les échalas sont inclinés vers le centre du carré formé par les quatre ceps, donnant ainsi l'aspect d'un dôme ou d'une pyramide dont ces mêmes échalas seraient les arêtes ou les angles.

Au mois de juin, lorsque vient le moment de lier les vignes, on réunit les branches des quatre ceps, on les attache ensemble par un seul lien de paille au sommet des échalas dont les quatre extrémités se touchent alors, et on obtient ainsi un paquet de feuilles, formant comme une espéce de toit de verdure qui, par son épaisseur, quand la vigne est vigoureuse surtout, est fort capable, j'en ai vu cette année un exemple frappant, de protéger les grappes du dessous des atteintes d'une grêle peu intense, il est vrai. Ce toit de feuillage est en tous cas fort utile pour les garantir des rayons d'un soleil trop ardent.

Nous voici arrivés à la seconde partie de cette étude, comprenant les maladies de la vigne.

DEUXIÈME PARTIE.

Maladies de la Vigne.

Dubreuil en fait l'énumération suivante :

1° Jaunisse ;

2° Rougeot ou Rougin ;

3° Miellée ou Brouïssure ;

4° Oïdium, Lèpre, Blanc ou Meunier.

Les trois premières de ces maladies indiquent, par leurs noms seuls, les caractères distinctifs auxquels on peut les reconnaitre.

La cause qui les produit, pour les deux premières surtout, tient à la présence du mans ou ver blanc qui attaque les racines de la plante, ou le plus souvent, à la qualité du sol qui ne convient pas au cépage qu'on y a planté.

Ce qu'il y a de mieux à faire dans ce cas, consiste donc à choisir un cépage que l'expérience a démontré être propre à la nature du terrain que l'on possède, et à remplacer l'ancien cépage par celui-là.

M. Eusèbe Gris conseille bien, dans le cas de Jaunisse ou de Rougeot, l'emploi du sulfate de fer ou couperose, que l'on fait dissoudre dans l'eau, à la dose de deux grammes ou un gramme et demi par litre d'eau, suivant l'intensité de la maladie, et avec lequel on arrose sa vigne le soir ou par un temps couvert ; mais ce remède, bon pour une treille ou pour une vigne de peu d'étendue, est impraticable sur une grande surface.

Passons donc et arrivons à l'oïdium, maladie malheureusement trop connue.

Elle est due à la présence d'un petit champignon auquel les entomologistes donnent le nom d'*Oïdium Tukeri*.

Les ravages qu'elle a faits dans certains pays vignobles, notamment dans le midi de la France, ont été considérables.

Les sarments verts, les feuilles et les verjus se couvrent par petites plaques d'une sorte de poussière, qui ressemble à de la moisissure, sous l'influence de laquelle le raisin s'étiole et se dessèche, sans arriver à maturité.

« Voilà ma vigne qui pousse des raisins de Corinthe, des raisins secs, s'écriait avec désespoir un propriétaire de notre connaissance, dont les treilles étaient atteintes de cette funeste maladie.

« Adieu ma récolte ! »

Oui, certes, il pouvait dire adieu à sa récolte ; à sa récolte de l'année toutefois, mais non à celle de l'année suivante, s'il voulait employer un remède bien connu et bien facile à faire : *La fleur de soufre.*

Je ne vous parlerai pas ici des soufflets plus ou moins perfectionnés que l'on a inventés pour répandre cette fleur de soufre sur les feuilles et les grappes malades. Là, encore, ce qui peut être utile à un propriétaire qui veut soigner sa treille ne peut servir au vigneron qui veut soigner sa vigne.

Ce que le vigneron doit faire, lorsqu'il redoute l'invasion du fléau dans son vignoble, c'est, du 15 avril au 30 mai, de semer à la volée vingt kilogrammes de sulfate de fer pulvérisé par chaque hectare.

Dans les vignes ravagées par la maladie, le vigneron soucieux de sa récolte devra, en outre, semer vingt kilogrammes de fleur de soufre, par hectare toujours, et avoir soin de pincer tous les jeunes rameaux, sans exception, au-dessus de la sixième feuille.

Cette méthode est la seule que l'expérience a reconnue efficace. On l'emploie beaucoup dans les départements du midi et son usage est reconnu tellement indispensable, qu'un homme d'esprit, viticulteur distingué, dont l'opinion est que pour un vrai et bon vigneron, il vaut beaucoup mieux s'occuper de ses vignes que de faire de la politique, me racontait dernièrement l'anecdote suivante :

Il se trouvait dans un diner où l'on parlait beaucoup des affaires de l'Etat. La conversation roulait sur le suffrage universel. Chacun disait son mot. Lui, gardait le silence ; lorsqu'interpellé par quelqu'un de l'assemblée qui désirait connaître son opinion sur la question, il répondit :

« Je suis, messieurs, pour le *soufrage* universel ! » On rit, on applaudit et chacun trouva que le vigneron, homme d'esprit, avait mille fois raison.

Il ne me reste plus à étudier que la troisième catégorie des ennemis de la vigne, je veux dire les insectes.

Cette étude formera, comme je l'avais annoncé, la troisième partie de ce travail.

TROISIÈME PARTIE

—

Des insectes.

—

Ils sont nombreux et variés.

Les principaux sont :

1° L'Eumolpe, nom générique qui s'applique à plusieurs petits insectes, tels que le Diableau, Gribouri ou Ecrivain.

C'est une sorte de hanneton très-petit qui ronge les feuilles, attaque les grappes et les bourgeons et infecte même les raisins ;

2° Le Rynchite du bouleau ;

3° Le Kermès ;

4° La Pyrale, petite chenille qui dévore toutes les parties vertes de la vigne dans le mois de mai.

Je crois que c'est dans la Pyrale qu'il faut voir ce que l'on appelle vulgairement, dans ce pays-ci, la Margotte, dont on a constaté cette année la présence dans plusieurs vignobles, notamment à Champcol et aux Avrais.

Ajoutons à ces quatre sortes d'insectes, le plus terrible de tous, qui n'est connu que depuis peu, le *Phylloxera vastatrix*.

C'est de ce dernier que j'ai l'intention de m'occuper tout spécialement ; non pas parce qu'il est le dernier venu, mais parce qu'il est le seul, parmi les insectes dont je viens de vous faire l'énumération, qui n'ait rien à craindre des petits oiseaux, dont les autres sont la proie quotidienne.

Oui, mes amis, pour vous défendre de tous les insectes, autres que le phylloxera, vous n'avez que les petits oiseaux.

Ce sont ici vos alliés naturels, vos alliés les plus dévoués.

Votre intérêt bien compris est donc de les protéger autant que vous le pouvez.

Ne regrettez pas les quelques grains de blé qu'ils peuvent manger à l'époque des moissons. Ils vous payent au centuple ce qu'ils vous prennent en vous débarrassant d'un nombre incalculable de chenilles, larves, papillons, etc., etc. Sans compter qu'il en est parmi ces petits oiseaux qui ne se nourrissent pas d'autre chose et ne peuvent par conséquent porter aucun préjudice à vos récoltes de grains.

Respectez donc les petits oiseaux ! Ayez pour eux la considération, l'estime et la reconnaissance qu'on doit avoir pour ceux qui vous font du bien !

Veillez à ce que vos enfants renoncent à cette déplorable et cruelle habitude de détruire les nids au printemps !

Savez-vous à combien de chenilles un enfant sauve la vie en dénichant un nid de mésanges, par exemple ?

Monsieur Dubois, dans son étude sur les animaux utiles, vous l'apprend.

« Un nid de mésange, dit-il, renferme de huit à « dix-huit œufs, soit autant de jeunes mésanges qui « ne tarderont pas à naitre. Une mésange dévore « annuellement *deux cent mille* œufs *d'insectes, che-* « *nilles et larves* ; une nichée en détruit donc par an, « environ *trois millions et demi.* »

Michelet, dans son livre admirable, l'*Oiseau*, nous apprend que ce qui est vrai pour la mésange n'est pas moins exact pour les autres espèces d'oiseaux, tels que la bergeronnette, l'hirondelle, le pinson, la fauvette, le merle, la grive et, qui le croirait ? le corbeau, qui l'hiver va piocher la terre pour s'emparer du ver blanc.

Donc, respect aux oiseaux.

C'est d'un intérêt capital pour vous.

Je sais des propriétaires intelligents qui ne se contentant pas de les respecter, leur bâtissaient des demeures, leur organisaient des nids dans leur voisinage pour s'assurer leurs services et ceux de leurs familles futures.

J'ai dit tout à l'heure que le phylloxera défiait les attaques des petits oiseaux : vous verrez bientôt pourquoi.

Du Phylloxera.

C'est de l'Amérique que nous vient cet insecte.

Apporté probablement sur des cépages nouveaux que des viticulteurs voulaient naturaliser en France, il s'est propagé sur notre sol dans des proportions tellement effrayantes, qu'émue à juste titre du péril que courait la culture de la vigne en France, l'Assemblée nationale vient de décréter, à l'unanimité moins une voix, qu'un prix de *trois cent mille francs* serait décerné à celui qui trouverait un moyen sûr et efficace de le combattre.

C'est en 1865 qu'il a fait, pour la première fois son apparition, non loin d'Avignon, à Penjaux. A l'heure actuelle, ses ravages s'étendent depuis Montpellier jusqu'à Draguignan et en remontant le cours du Rhône jusqu'à Vienne et Saint-Etienne.

Soixante communes de la Gironde en sont infestées ; on a constaté sa présence dans les Charentes, principalement auprès de Saintes et aux environs de Cognac.

En neuf ans, il s'est étendu sur plus d'un million d'hectares de vignes. Deux cent mille sont à jamais perdus. Le reste ne tardera pas à l'être également, car Monsieur de Grasset, dans le remarquable rapport qu'il a fait à l'Assemblée nationale sur cette question, ne recule pas devant cette terrible affirmation, *que toute vigne atteinte par le fléau, est une vigne morte.*

Elle résistera un ou deux ans, trois ans peut-être, mais il n'y a pas d'illusions possibles, elle est fatalement condamnée à périr.

Le phylloxera est un insecte microscopique qui ne s'attaque qu'aux racines de la vigne.

Il pénètre jusqu'à elles lorsque la terre, en se fendillant au moment de la sécheresse, sous l'action brûlante des rayons du soleil, lui ouvre ainsi un accès facile.

Une fois dans la place, il s'y établit en maitre, sûr de n'être dérangé par qui que ce soit, et dévore jusqu'aux moindres radicelles du moindre cep, jusqu'aux plus petites fibrilles.

Son œuvre de mort accomplie, il revient à la surface du sol.

Alors, chose merveilleuse, étonnante, incroyable ! A cet insecte, à ce vermisseau qui n'a su jusqu'ici que ramper lentement, péniblement, voici qu'il pousse des ailes ! Il s'envole, et s'en va, porté par le vent, jusqu'à 15 et 20 kilomètres de là, désoler et ravager d'autres contrées.

Sa prodigieuse fécondité est telle que, d'après M. Dumas, une seule femelle de Phylloxera, du 15 avril au 15 octobre de la même année, peut donner naissance, par générations successives, à 12 *ou* 15 *milliards* d'individus de son espèce.

Les moindres racines de la plante, ajoute l'illustre savant, sont recouvertes par ces terribles insectes « *d'une manière aussi continue, que l'épiderme de la* « *peau recouvre notre doigt.* »

N'est-ce pas effrayant ! et que sont auprès de celui-là, les autres ennemis de la vigne ?

Que sont les gelées, les grêles, les coulures et les maladies, que vous redoutez avec tant de raison, cependant ?

Rien ! Rien, ou peu de chose. D'autant, qu'il faut bien le dire ; jusqu'à présent le fléau nous trouve impuissants à le combattre.

Tous les efforts tentés jusqu'ici pour arrêter les progrès du mal ont échoué.

L'invasion gagne de jour en jour, comme une marée montante qui renverse, avec une force irrésistible, toutes les digues qu'on lui oppose.

Le seul moyen qui ait donné des résultats certains, est l'irrigation ou plutôt la submersion des vignes.

On doit cette idée à un propriétaire du département des Bouches-du-Rhône, M. Faucon de Graveson.

Pendant *quatre* mois, à l'automne, il a inondé ses vignes et sauvé de la sorte soixante-dix hectares sur le point de périr.

Malheureusement, ce moyen est loin d'être applicable partout. Tous les vignobles sont-ils donc en position d'être inondés? Essayez de couvrir d'eau, par exemple, les coteaux de Champcol, les hauteurs des Avrais, de Châtillon, etc, etc.

C'est absolument impraticable.

Maintenant, trouvera-t-on d'autres remèdes? Il faut l'espérer.

A la suite du vote de l'Assemblée nationale dont je vous parlais plus haut, une Commission a été nommée par le Ministre de l'Agriculture, avec mission de faire une enquête et des études sérieuses dans le département le plus ravagé, le département de l'Hérault.

Déjà cette Commission, par l'organe de son président, a publié un rapport qui semble éclairer un peu la question.

Un ancien négociant de Cette, M. Espitalier, aurait fait, dans son vignoble de la Camargue, des expériences concluantes, auxquelles la Commission attache une grande importance.

Le procédé de M. Espitalier consisterait dans l'emploi, sur les racines des ceps, *d'engrais riches en potasse et en azote et mélangés d'une forte proportion de soufre pulvérisé, ou plâtre soufré d'Apt, et recouverts ensuite par une quantité de sable que l'on peut estimer de 65 à 80 litres par cep.*

Ce procédé, comme vous le voyez, nécessite des frais de main-d'œuvre considérables. Il faut déchausser et très-profondément chaque pied de vigne. Maintenant, est-il souverain, infaillible? Nous voudrions le croire.

En tous cas, il ne guérira pas les vignes mortes. Sauvera-t-il toutes celles qui sont attaquées? Il est malheureusement permis d'en douter.

Il faudrait, d'après M. Bouley, un des membres les plus éminents de l'Académie des sciences, circonscrire le fléau, faire la part du Phylloxera, comme on fait la part du feu dans un incendie, et arracher, puis brûler sur place toutes les vignes des régions infestées.

C'est un remède héroïque, il est vrai ; mais, c'est celui qu'on a employé contre les envahissements de la peste bovine, et le seul qui ait réussi. Ordre fut donné d'abattre immédiatement tout animal atteint ou menacé du Typhus. Les progrès du mal furent arrêtés immédiatement.

Les Préfets de la Corse et du Rhône ont déjà pris, avec l'approbation du ministre, des arrêtés prescrivant dans leur département d'arracher impitoyablement et de brûler les premières vignes où l'on constaterait la présence du Phylloxera.

C'est une mesure dont on ne peut trop les louer, et qui partout en France devrait trouver des imitateurs.

Vous ne sauriez m'en vouloir de m'être étendu aussi longuement sur une question aussi grave.

Il s'agit de savoir si, dans la lutte engagée entre le

Phylloxera et le viticulteur, le Phylloxera qui jusqu'ici a remporté les premiers avantages, sera définitivement victorieux ?

Nous ne le croyons pas !

Nous ne croyons pas surtout que notre pays, notre Sologne, ait rien à redouter de ses attaques.

C'est ici, vignerons de la Sologne, que j'appellerai toute votre attention.

Oui, si les autres régions sont exposées aux ravages du terrible ennemi, la nôtre est peut-être la *seule* avec les Landes et certaines parties de la Champagne qui n'ait, selon toute apparence, rien à craindre !

Voici pourquoi :

Vous vous rappelez que je vous ai dit tout à l'heure, que le Phylloxera ne s'attaquait qu'aux racines de la vigne, et pénétrait jusqu'à elles par les crevasses qui se faisaient à la surface du sol sous l'action brûlante des rayons du soleil.

Si la terre ne s'entrouvre pas d'elle-même, le Phylloxera est obligé de s'arrêter. Il n'est pas armé pour y pratiquer la moindre ouverture. Or, dans nos sables de Sologne, quelle que soit l'intensité des rayons du soleil, quelque sécheresse qu'il fasse, le sol ne se fendille jamais. Ne se fendillant pas, il ne saurait conséquemment permettre à l'insecte de pénétrer dans son sein.

Donc, vignerons de la Sologne, plantez de la vigne dans notre pays! Plantez-en le plus que vous pourrez.

Vous êtes peut-être destinés à sauver l'avenir de cette précieuse culture en France ! Vous êtes, en tous cas, assurés de réaliser de superbes bénéfices.

Comprenez-vous maintenant pourquoi je vous disais, au début de cette étude, qu'avant peu votre vin aurait doublé, triplé, quadruplé de valeur ?

C'est que la production dans les riches départements vinicoles, tels que l'Hérault, le Var, la Gironde, le Rhône, les Charentes, etc., venant sinon à tarir tout à fait, du moins à diminuer considérablement par les ravages du Phylloxera, vous deviendrez nécessairement alors, la principale et peut-être l'unique ressource du consommateur.

Plantez, plantez de la vigne ! N'hésitez pas ! Plantez dès aujourd'hui ! Songez que ce n'est qu'au bout de cinq ans que vous commencerez sérieusement à récolter.

Gardez-vous des cépages étrangers, des cépages du Midi surtout, qui peuvent être infestés !

Plantez de la vigne ! et, à ceux qui viendraient vous dire :

« Comment, vous avez la prétention de faire de votre Sologne, de vos mauvais terrains où le seigle et le carabin ont tant de peine à pousser, un pays vignoble ?

« Mais c'est insensé ! »

Répondez :

Que, dans son savant ouvrage sur la culture de la vigne, que j'ai déjà cité plusieurs fois dans le courant de cette étude, M. Jules Guyot affirme « que la vigne convient parfaitement aux plus pauvres terrains de la Sologne, des Landes et de la Champagne. »

Ajoutez, sans crainte d'être démentis : En faisant de la Sologne un pays vignoble, nous ne faisons que rétablir ce qui était jadis.

Au XIVe et au XVe siècle, la Sologne, si pauvre aujourd'hui, si peu peuplée, était une contrée florissante, *couverte de vignes*, surtout dans les parties Nord-Ouest et Sud de l'arrondissement de Romorantin.

Elle était habitée par une population nombreuse, aisée et laborieuse. On peut le constater par le morcellement de la propriété au XVe siéle, par les débris de construction qu'on retrouve en assez grand nombre dans nos campagnes, par des traces évidentes de culture de vignes.

Dans nos bois, on est tout étonné de rencontrer parfois de vieux ceps dont les sarments oubliés depuis longtemps de la serpe du vigneron, s'élancent jusqu'au sommet des arbres.

Nos petites rivières et nos ruisseaux, en renferment qui dorment dans leur lit de vase depuis des siècles. Si l'on feuillette maintenant les vieux titres de propriété, si l'on consulte les écrits de cette époque, on retrouve à chaque instant la confirmation de ce que le sol nous révèle chaque jour.

Comment se fait-il que cette prospérité si grande, que cette richesse ait disparu, et si complètement même, qu'il n'en est pas resté dans la mémoire des habitants d'aujourd'hui, comme un vague et lointain souvenir? Ah! c'est que depuis ces époques heureuses, de longues années de souffrances et de misères se sont écoulées, qui ont effacé toutes les traditions des temps passés.

On assigne trois causes principales à cette décadence de la Sologne :

D'abord, la révocation de l'Edit de Nantes par Louis XIV, qui, en chassant les protestants de France, a eu pour conséquence de dépeupler une partie de notre pays de ses meilleurs agriculteurs ;

En second lieu, le rude hiver de 1709, et la famine qui en fut la suite. Famine dont les effets se firent sentir en Sologne plus cruellement que partout ailleurs.

Les mémoires du temps racontent que la misère fut si grande alors, que les pauvres gens furent réduits à manger de l'herbe et que beaucoup moururent de faim.

Troisièmement enfin, les impôts excessifs et disproportionnés dont cette infortunée contrée fut la victime.

Là où il n'y a rien, disait un vieux proverbe, le roi perd ses droits. Le proverbe n'était pas applicable à la Sologne, où il y avait beaucoup. Les fermiers généraux le savaient bien. Comme ils devaient fournir à l'Etat une somme annuelle qui variait selon les besoins du Trésor, et cela, à leurs risques et périls, c'est-à-dire que s'ils ne la prenaient pas dans les poches des contribuables on la prenait dans la leur, ils s'adressaient naturellement aux pays riches, et les pressuraient par tous les moyens possibles, sans mesure et sans raison.

C'est ce qui fut fait en Sologne.

De là la ruine et la misère.

Nous sommes loin de ces tristes époques. Dieu merci ! et nous ne les reverrons jamais ! Mais pour cela, soyons prudents et sages, et sachons nous conduire.

Mes amis, il est bon, il est utile de connaitre un peu l'histoire du pays que l'on habite.

C'est pour cela que j'ai tenu à terminer cette étude en vous parlant de notre Sologne.

Ce fut jadis, je vous le répéte, un pays vignoble,

riche et prospère. Il dépend de vous de faire revivre son passé.

Ce qu'il était autrefois, il peut l'être encore.

Plantez-y de la vigne! C'est le meilleur élément de prospérité et de richesse.

Vous n'avez pas, je l'espère, à redouter l'invasion du Philloxera. — C'est un terrible ennemi de moins que vous aurez à combattre.

Je me suis efforcé, dans le cours de ce travail, de vous fournir les moyens de lutter contre les autres.

Puissé-je avoir réussi!

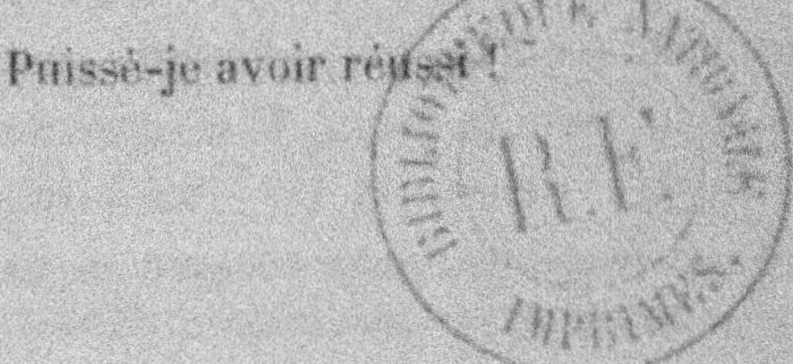

Blois. — Imprimerie E. BEURDELEY et Cie. — 345

www.ingramcontent.com/pod-product-compliance
Ingram Content Group UK Ltd.
Pitfield, Milton Keynes, MK11 3LW, UK
UKHW022139170726
13837UKWH00004B/1663

9 782329 257389